跟孩子聊聊
环保

[意] 马尔科·里佐 著

[意] 特拉姆 绘

刘昀 译

江苏凤凰科学技术出版社 · 南京

L'ecologia spiegata ai bambini

©BeccoGiallo S.r.l. for the original Italian edition, 2017

The simplified Chinese translation right arranged through Am-Book and Rightol Media （本书中文简体版权经由锐拓传媒旗下小锐取得）

江苏省版权局著作权合同登记　图字：10-2024-135 号

图书在版编目（CIP）数据

跟孩子聊聊环保 / (意) 马尔科·里佐著 ; (意) 特拉姆绘 ; 刘昀译. -- 南京 : 江苏凤凰科学技术出版社, 2024. 11. -- ISBN 978-7-5713-4648-5

Ⅰ. X-49

中国国家版本馆CIP数据核字第2024MX3211号

跟孩子聊聊环保

著　　　者	[意]马尔科·里佐
绘　　　者	[意]特拉姆
译　　　者	刘　昀
责 任 编 辑	祝　萍
责 任 设 计	蒋佳佳
责 任 校 对	仲　敏
责 任 监 制	方　晨
出 版 发 行	江苏凤凰科学技术出版社
出版社地址	南京市湖南路 1 号 A 楼，邮编：210009
出版社网址	http://www.pspress.cn
印　　　刷	文畅阁印刷有限公司
开　　　本	718 mm × 1 000 mm　1/16
印　　　张	2.5
插　　　页	4
字　　　数	28 000
版　　　次	2024年11月第1版
印　　　次	2024年11月第1次印刷
标 准 书 号	ISBN 978-7-5713-4648-5
定　　　价	39.80元（精）

图书如有印装质量问题，可随时向我社印务部调换。

很多人都说狐狸是很狡猾的动物……

的确，比起其他动物，这些长着尖尖鼻子和毛茸茸尾巴的小家伙相当狡猾。

可大家并不知道，世界上还有好奇的狐狸、胆小的狐狸和天真的狐狸。

比如小狐狸珊迪，她一直生活在一座臭烘烘的大城市附近。

小狐狸珊迪从来没有去过其他国家，也从来没有见过大海。她饿的时候，只能去垃圾堆里找些能吃的东西。

小狐狸珊迪在春天的某一天，开始了一次旅程。她黑漆漆的、小小的眼睛将会见识到很多东西。然而，这次旅程的开始并不美好。

　　一天下午，下着雨，小狐狸珊迪正忙着觅食。突然，她被一股颜色奇怪的巨大水浪卷走了。

这股水浪颜色奇怪，而且脏脏的，她从山上流下来，现在正慢慢淹没这座城市的街道。小狐狸珊迪被这股水浪带着漂了很久、很远，最后她和这股水浪一起流进了大海。

小狐狸珊迪的运气很好，一只偶然路过的鹈鹕^①看到了她。鹈鹕飞到水面上，把珊迪叼进了巨大的嘴里！

"不好意思，我本不该多管闲事，"鹈鹕说道，"但你好像遇到困难了，我是一只热心的鹈鹕，特别喜欢帮助别人！"

---

① 鹈（tí）鹕（hú）：一种大型的游禽，嘴巴很宽大，擅长捕鱼。

小狐狸珊迪过了一会儿才反应过来，原来鹈鹕不是要吃掉她……而是要救她！

鹈鹕埃托雷平时会用他的大嘴来装鱼，因为他的嘴就像口袋一样大。

珊迪犹豫了一下，然后说道："谢谢你救了我！我叫珊迪……这里究竟发生了什么事？"

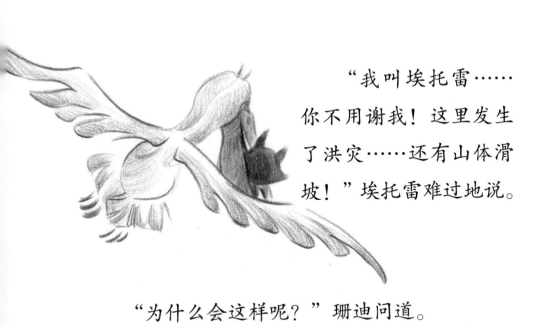

"我叫埃托雷……你不用谢我！这里发生了洪灾……还有山体滑坡！"埃托雷难过地说。

"为什么会这样呢？"珊迪问道。

9

"原因有很多。首先，这座城市周围的树木太少了。当洪水从山上冲下来的时候，没有树木可以阻挡它，所以它就直接涌入了城市。那些楼房可不像那些可爱的树林，根本挡不住洪水的进攻。"

鹈鹕带着小狐狸飞到一片广阔的森林上空，下面有两只巨大的"金属怪兽"正在砍树。

"快看那两只怪兽！"埃托雷说道，"这里是亚马孙雨林……这片雨林大得不得了，但是每年它都会失去相当于六个罗马①那么多的土地！"

"人类需要雨林里的树木，更需要这片土地！他们在土地上耕种，修建道路和房屋，还要放养很多的牛，因为人们需要牛的皮和肉。"

---

① 罗马：意大利共和国的首都和最大的城市，已经有2500多年历史，是世界上著名的历史古城。市中心面积为1200多平方千米。

小狐狸珊迪问"自然专家"埃托雷："生活在雨林里的小动物们怎么办？"鹈鹕飞到雨林里，让小狐狸看。雨林里有猴子和蛇，有蜘蛛和犰狳 ①，还有豹子和蝙蝠。突然，鹈鹕感觉身后的空气变得热热的……

　　原来是大火正在吞食雨林，靠着埃托雷有力的翅膀，他们顺利地逃离了火灾现场。

　　"你看到了吗？亲爱的小狐狸，森林里有时候也会发生火灾！这些事情并不只发生在亚马孙雨林！也许，你所生活的城市周围的森林也是被火灾摧毁的……"

---

① 犰（qiú）狳（yú）：是一种昼伏夜出的哺乳动物。其身体包裹了一层骨质甲，看上去就像一只机器大老鼠。

两位刚认识的新朋友继续飞行，躲开了熊熊大火。

他们来到了北极，这里像一片巨大的冰雪荒漠。

"你好呀，马西莫内！"埃托雷对一只北极熊喊道。

"你好呀，埃托雷！这里简直热极了，你来这里做什么？"

"热？"小狐狸珊迪惊讶地问道。

"别担心，珊迪，"埃托雷说道，"我的朋友没有说错。因为地球的温室效应越来越严重，北极的气温正在迅速升高……而我的朋友马西莫内不太习惯这个温度，所以觉得很热！"

"这还不是唯一的麻烦，"北极熊解释道，"这里的冰块开始融化了，而且会融化得越来越快！去年我被困在一块冰块上整整一个星期！"

"这是真的吗？"小狐狸珊迪转过身子，担忧地看着鹈鹕埃托雷。

　　"是的，我亲爱的小狐狸，而且这只是地球上灾难的一小部分！"

　　他们再次出发，飞向海洋，途中遇到了五颜六色、各种形状的珊瑚礁。

　　海豚多丽娜告诉珊迪："这些美丽的珊瑚可能很快就看不到了，我们的地球越来越热……海洋里的水越来越少。珊瑚和海藻在慢慢地死掉，和它们住在一起的鱼儿也都离开了……"

　　"还有那些渔民，他们用渔网抓走了很多住在珊瑚礁附近的海洋动物。"埃托雷补充道。

"那我们能做点儿什么来避免这些灾难的发生呢？"小狐狸珊迪担忧地问道。"我们能做的事情很少，我亲爱的小狐狸。"埃托雷答道，"但我们可以请求人类的帮助。"

两只小动物出发前往一座古老又优雅的城市，这里的街道干净整洁，房子前面放着各种颜色的垃圾桶。一只名叫布鲁娜的小猫，给珊迪解释了这些垃圾桶的用处。

"你看，小狐狸，人类让我的生活轻松了很多。他们把垃圾分成几类，这叫垃圾分类回收。这个垃圾箱里有很多美味食物：剩菜剩饭、鱼骨等，运气好的话可能有半个被咬过的肉丸子。在其他垃圾箱里，有一些可回收的东西，比如玻璃、纸和塑料。"

埃托雷补充道："人类想要用这种办法避免对地球造成更多的污染……布鲁娜也不用在垃圾堆里翻来翻去了！""要是我能打开这个垃圾箱就好了……"这只小猫小声地说道。

珊迪又跳回好朋友埃托雷的嘴里，然后提出一个新问题："人类为什么要这样对垃圾进行分类呢？这些垃圾会被送到哪里？"

　　埃托雷带着珊迪离开了城市，随后珊迪看到：在他们面前，是一堆堆的垃圾，珊迪觉得非常难过！还有流浪狗在垃圾堆里走来走去，其中一只名叫比亚乔，他的衣服看起来很特别，就像人类的衣服一样——大家都知道狗狗会模仿人类的习惯！

　　"你们知道吗？"他说道，"这种地方遍布地球，人类叫它们垃圾场。人类总是抱怨没有足够多的地方存放垃圾。我和其他住在这里的狗狗们都觉得，如果人类把这些垃圾都送走，我们会有一个新的家，也许还会有一些人类朋友！"

21

"但是并不是只有垃圾箱和垃圾场才有垃圾堆。这么多年来，有些坏透了的人还会把不经处理的垃圾藏在海底深处，甚至埋在地下！"埃托雷一边说着，一边滑翔到一片没有一棵草、一朵花的土地上。

　　如果一个地方没有花朵，就会长出很多悲伤。住在这里的土拨鼠雨果每天都很难过。"最近，我在地下生活变得越来越难了。我必须躲开各种垃圾！有时候，这些垃圾里还有一些奇怪的东西：前几天，我的表弟托尼变成了荧光色！"

　　"人类以为把有危害的垃圾埋起来，问题就解决了……甚至还有一些人类，靠制造这些可怕的东西来赚钱！可我知道，那些被埋葬的垃圾，迟早都会惹出大麻烦！"

23

"我的小狐狸，你可能已经看到了，河流和海洋也带来了很多麻烦。它们的水流携带着很多污染物，就好像它们也成了人类制造污染的共犯！"埃托雷飞过工厂和烟囱时说道。

"欢迎你们！我是卡洛！很高兴认识你们！你们想看看我的新发明吗？我叫它'自行车'！"河狸卡洛说道。

卡洛正在啃食一些干枯的木块，然后用这些小木块排列出一辆自行车的形状……最后在河边找到一种黏糊糊的泥土，把小木块粘在一起。

"别在意，可怜的卡洛，"埃托雷悄悄地对珊迪说，"工厂的废气让他变得有点儿糊涂了！但是，就像所有的河狸一样，他是个出色的发明家！"

珊迪和埃托雷再次踏上旅程，他们离开了城市，飞向南方。"我还有两位朋友要介绍给你，我的小狐狸。这位是卡梅洛……"

卡梅洛是一只巨大的、不停吐痰的骆驼：她在沙漠的沙丘间漫游，不停地动着嘴唇和脸颊。

"早上好，埃托雷！"卡梅洛说道。埃托雷向她挥了挥翅膀表示问好。

"卡梅洛，你最近好吗？"珊迪问道，"在沙漠里，我想你应该没有遇到人类制造的污染吧！"

"嗯，其实是有的……你不知道有多少垃圾被人类埋在这里……不过我也不太受影响。我喜欢散步，沙漠正在一天天地变大。大家都说是因为全球气候在变暖。"

埃托雷严肃地看着她，说道："你可能很高兴，卡梅洛，但如果沙漠变得太大的话，对地球很不好。""你说得有道理，我的老朋友……"

小狐狸珊迪和鹈鹕埃托雷旅程的最后一站是更远的南方，在一片大草原上。

　　他们看见一只受伤的犀牛。"朋友，你怎么了？"珊迪问道。"偷猎者打伤了我。"犀牛保罗说道。"偷什么？"珊迪好奇地问道。

　　"偷猎者！他们是没有底线的猎人！他们想把我们的皮、骨头和角卖出去，然后赚很多钱……我的伙伴们数量越少，他们就越想伤害我们！"

　　"珊迪，我们能帮帮保罗吗？"埃托雷问道。小狐狸珊迪朝四处看了看，前面、后面、脚下，最后她在脚底找到了一点儿河狸卡洛用来制造"自行车"的泥巴。"这可能没法治好我，"犀牛保罗说道，"但至少能让我好受一些……"

这趟旅程终于结束了!

珊迪开始思考今天见到的所有东西,她思考得太专注了,以至于忘记了自己在哪里。

小狐狸珊迪回忆着今天见到的动物们,为他们的安全和健康感到担忧。可是她明白,只凭自己是没办法拯救世界的。

突然，小狐狸珊迪的好朋友鹈鹕埃托雷出现了！他张开大大的嘴，露出一个大大的微笑。

"我的小狐狸，"埃托雷安慰道，"你并不孤单！"

"我们全都和你在
一起！"鹈鹕和所有的
动物一起说道。

"走吧，我的小狐狸！现在我们得告诉人类我们看到了什么。有了他们的帮助，我们肯定能够拯救这些朋友们！"

　　珊迪再次跳进埃托雷的大嘴里，两位朋友又要开始一段新的旅程了……他们穿过一片天空，虽然这片蓝天有些不完美，可它仍然非常美丽。

我们的动物朋友

小狐狸珊迪

中文学名: 狐, 日常被叫作狐狸。

栖息环境: 生存在森林、草原、荒漠、丘陵、山地、苔原等多种自然环境中, 有时也生存于城市近郊。

生活习性: 狐狸昼伏夜出, 居住在洞穴里, 为杂食性动物。

小课堂: 狐狸生性多疑, 对周围的环境时刻警觉; 遇到危险时, 还会装死以骗过对方!

鹈鹕埃托雷

中文学名: 鹈鹕

栖息环境: 主要栖息于湖泊、江河、沿海和沼泽地带等,偶尔也"光顾"池塘和红树林。

生活习性: 是体形很大的鸟,喜欢吃鱼,所以把家安置在有水的地方。通常一生只有一个配偶。

小课堂: 鹈鹕是一个妥妥的吃货,有一张超级大的嘴,只要嘴巴能塞下的东西,它们都敢吃!

河狸卡洛

中文学名: 河狸

栖息环境: 河狸通常选择在河流、湖泊或者沼泽地带来建造自己的家园。它们擅长建造坚固的堤坝、巢穴,还喜欢在巢穴周围种植植物。

生活习性: 河狸属于夜行动物,食素、群居,长着宽宽的、扁扁的大尾巴。性情温顺,胆子很小。

小课堂: 河狸是动物界的"建筑大师"。它们擅长建造堤坝,居安思危。但是现在河狸的数量越来越少,已经成为濒危动物。

骆驼卡梅洛

中文学名: 骆驼

栖息环境: 生活在沙漠或者戈壁地带。

生活习性: 沙漠中独有的大型哺乳动物,超级耐寒和耐旱,能数十天不吃不喝。

小课堂: 驼峰其实并不是储水的器官,而是储存了大量的脂肪,这也是骆驼能生活在沙漠中的重要因素。

犀牛保罗

中文学名: 犀牛

栖息环境: 栖息于开阔的草地、稀树草原、灌木林或沼泽地,还有靠近水源的地方。

生活习性: 犀牛是陆地上仅小于大象的哺乳动物,吃素,爱睡觉,喜欢独居生活。

小课堂: 别看犀牛有着庞大的身躯,它们奔跑起来还是很灵活的,尤其还会急速转弯。